U0177526

樱井进数学大师课

数学家有好点子

[日] 樱井进◎著　　智慧鸟◎绘　　李静◎译

电子工业出版社·

Publishing House of Electronics Industry

北京·BEIJING

版权贸易合同登记号　图字：01-2022-1937

图书在版编目（CIP）数据

樱井进数学大师课. 数学家有好点子 / (日) 樱井进著；智慧鸟绘；李静译. —— 北京：电子工业出版社，2022.5
ISBN 978-7-121-43347-4

Ⅰ.①樱… Ⅱ.①樱…②智…③李… Ⅲ.①数学 - 少儿读物 Ⅳ.①O1-49

中国版本图书馆CIP数据核字(2022)第069753号

责任编辑：季　萌　文字编辑：肖　雪
印　　刷：天津善印科技有限公司
装　　订：天津善印科技有限公司
出版发行：电子工业出版社
　　　　　北京市海淀区万寿路173信箱　邮编：100036
开　　本：889×1194　1/16　印张：30　字数：753.6千字
版　　次：2022年5月第1版
印　　次：2022年5月第1次印刷
定　　价：198.00元（全6册）

凡所购买电子工业出版社图书有缺损问题，请向购买书店调换。若书店售缺，请与本社发行部联系，联系及邮购电话：（010）88254888，88258888。
质量投诉请发邮件至zlts@phei.com.cn，盗版侵权举报请发邮件至dbqq@phei.com.cn。
本书咨询联系方式：（010）88254161转1860，jimeng@phei.com.cn。

数学好玩吗？是的，数学非常好玩，一旦你认真地和它打交道，你会发现它是一个特别有趣的朋友。

数学神奇吗？是的，数学相当神奇，可以说，它是一个大魔术师。随时都会让你发出惊讶的叫声。

什么？你不信？那是因为你还没有好好地接触过真正奇妙的数学。从五花八门的数字到测量、比较，从奇奇怪怪的图形到数学的运算和应用，这里面藏着数不清的故事、秘密、传说和绝招。看了它们，你会有豁然开朗的感觉，更会有想要跳进数学的知识海洋中一试身手的冲动。这就是数学的魅力，也是数学的奇妙之处。

快翻开这本书，一起来感受一下不一样的数学吧！

目录

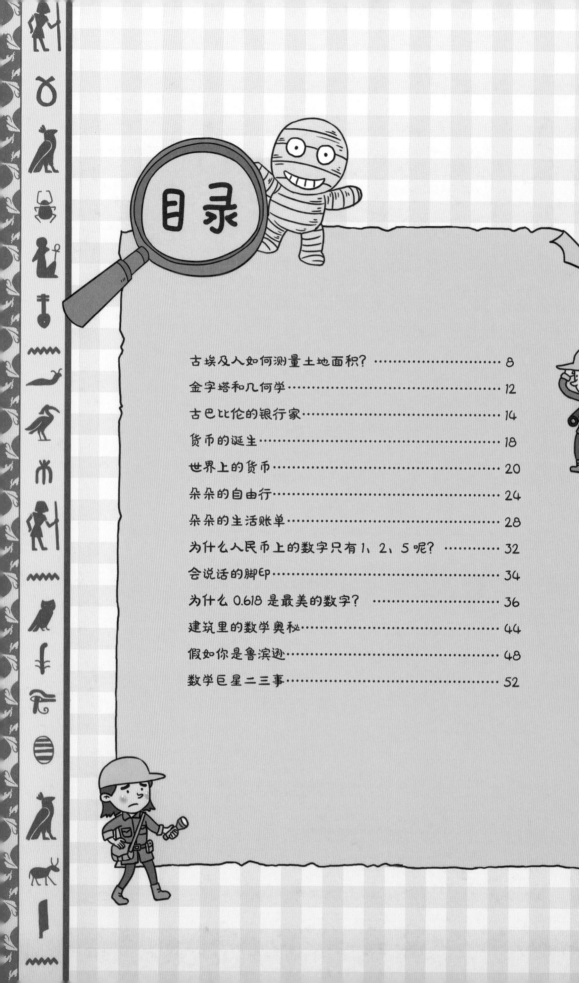

古埃及人如何测量土地面积？ ………………… 8

金字塔和几何学 ………………………………… 12

古巴比伦的银行家 ……………………………… 14

货币的诞生 ……………………………………… 18

世界上的货币 …………………………………… 20

朵朵的自由行 …………………………………… 24

朵朵的生活账单 ………………………………… 28

为什么人民币上的数字只有1、2、5呢？ ……… 32

会说话的脚印 …………………………………… 34

为什么0.618是最美的数字？ ………………… 36

建筑里的数学奥秘 ……………………………… 44

假如你是鲁滨逊 ………………………………… 48

数学巨星二三事 ………………………………… 52

迷路的圣诞老人·······························58

三头驴分芝麻饼·······························62

为什么没有诺贝尔数学奖?···················64

世界上最有声望的数学奖是什么?···········66

琳琳的减肥之路·······························68

大促销里的隐秘战术·························70

和尚与硬币·····································72

各种各样的图表·······························74

古埃及人如何测量土地面积？

古埃及位于沙漠之中，国土紧密分布在尼罗河周围，是典型的水力帝国。每年 7~10 月，尼罗河河水泛滥，古埃及人就靠捕鱼和打猎为生。到了 11 月，汹涌的河水退去后，留下一层肥沃的黑土，此时，古埃及人就开始在黑土上种植大麦和小麦。

在这个过程中，对于汛期和枯水期的安排，每年土地的重新划分，赋税的计算，都需要专人来解决。在古埃及，解决这些问题的是专门的书吏阶层。除了以上这些问题外，他们还需要好好学习数学，因为古埃及人需要通过数学计算来建造金字塔。对于法老而言，金字塔是王权的象征，当然不能马虎。

谢谢您，智慧的托特！

托特是埃及神话中的智慧之神，据说是他将数学知识教给了书吏和祭司们。

聪明的书吏们

书吏们掌握了部分数学知识后，很快就将它运用到了现实生活中。以前，人们通常用身体的某些部位来丈量土地。

聪明的书吏们很快制定了长度单位，他们规定了4个手指（不包括大拇指）的宽度为1掌尺，而从手肘到中指尖的长度为1腕尺，1腕尺 = 7掌尺。可是高个子和矮个子的身体部位长度是不一样的，最终的测量结果必然是不准确的。

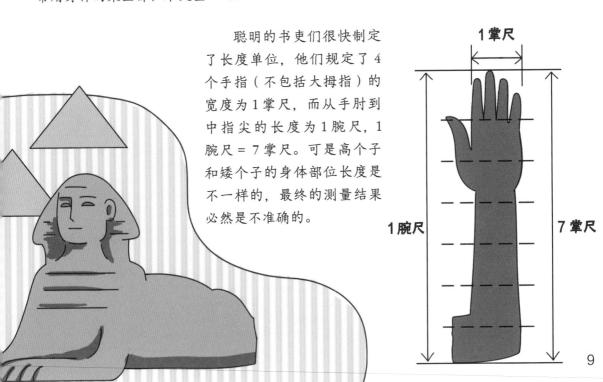

1掌尺

1腕尺　7掌尺

在测量土地的时候，书吏们总能想到办法，准确地测量出谁分到了多少土地。今年，高个子农夫分到了一块长方形的土地，它的面积很好算。而矮个子的农民分到了一块三角形的土地，这种土地的面积应该怎样计算呢？此时，书吏们已经掌握了直角三角形面积的计算方法，可碰上了普通的三角形怎么办呢？书吏们绞尽脑汁，他们竟然发现了三角形的高，并用它将三角形变成两个直角三角形，这样就能算出土地的面积啦！

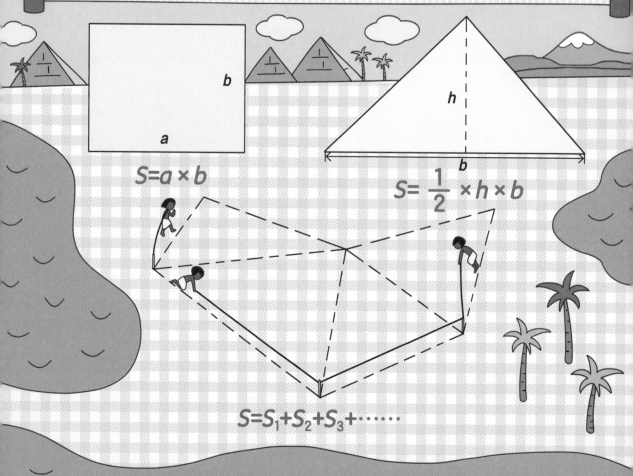

$$S = a \times b$$

$$S = \frac{1}{2} \times h \times b$$

$$S = S_1 + S_2 + S_3 + \cdots\cdots$$

然而，更加艰难地测量来了。另外一个农夫的土地是一个特别不规则、根本叫不出名字的形状。书吏们聚在一起，为测量这块土地出谋划策，还好，他们最终想到了解决方法。书吏们发现：一切由直线组成的图形，都可以分成若干个三角形。他们已经掌握了三角形面积的计算方法，当然就可以计算出这块不规则土地的面积！

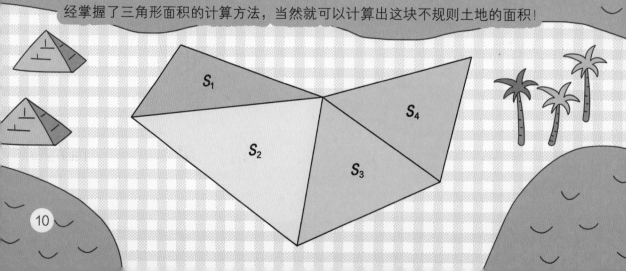

可最后，书吏们还是遇到了人生中最难解决的问题：河边有一块被河水冲出来的洼地，它是圆形的！要是测量不出这块土地的面积，就无法确定这块地的主人要交多少税！后来，不知道书吏们究竟用了什么办法，计算了多少次，他们得出了一个结论：圆的面积差不多等于外接于圆的正方形的面积减去其面积的 $\frac{1}{9}$。

$S=1-\dfrac{1}{9}$

$$4 \times \left(\dfrac{1}{6} \times \dfrac{1}{6} \right) = \dfrac{4}{36} = \dfrac{1}{9}$$

边长为8的正方形的面积约等于直径为9的圆形的面积。

金字塔和几何学

提到金字塔，我们除了惊叹，还十分疑惑，古埃及人究竟是怎样修建出这样雄伟的建筑的呢？最重要的原因之一就是古埃及人认识了直角。正是因为懂得了直角的概念，古埃及人才能把巨石整整齐齐地垒在一起，并且让金字塔的4个面分别朝向东南西北四个方向。

法老和直角

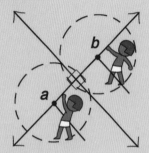

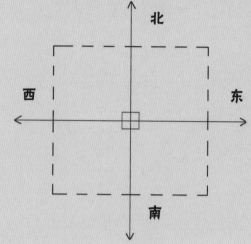

做直角是一件很神圣的事情，法老亲自为大家演示了直角的做法。首先，他在地上打下了一个木桩，然后在不远处继续打下另一个木桩，两个木桩就位后，法老分别拉直绑在木桩上的绳子的另一端转一圈，这样就形成了两个相交的圆。将两个圆的圆心连起来，然后再将两个圆相交的点连起来，这两条直线相交的地方就能形成4个直角。

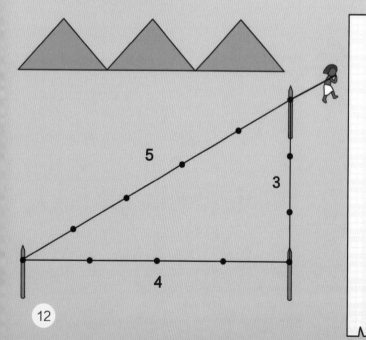

除了法老演示的方法外，古埃及人还用另外一种方法来做直角。人们会把一根长绳打上等距离的13个结，然后以3个结间距、4个结间距、5个结间距的长度为边长，用木桩钉成一个三角形，其中一个角便是直角。这样的方法做出的三角形则被称为"埃及三角形"。这里面蕴含的数学道理则是：如果三角形两条边长的平方和等于第三条边长的平方，那么这个三角形是直角三角形。

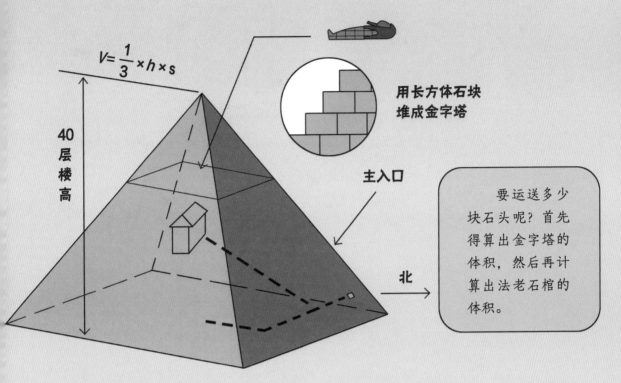

$V = \frac{1}{3} \times h \times s$

40层楼高

用长方体石块
堆成金字塔

主入口

北

要运送多少块石头呢？首先得算出金字塔的体积，然后再计算出法老石棺的体积。

聪明的古埃及人不仅发现了直角，并且为了建造金字塔，他们还估算出金字塔需要多少块巨石，推算出了金字塔的体积公式。在古代数学方面，他们的研究一直遥遥领先。

几何的由来

当古埃及人有几何的初步概念后，古希腊人开始和古埃及人通商了。商队在古埃及学到了测量和绘画等基础知识，然后将它们带回了古希腊，在古希腊学者们的努力下，完整的几何学形成了。在希腊语中，"几何"就是由"土地"和"测量"两个词合成而来的。

古巴比伦的银行家

在很久很久以前，当人们开始用数字计数，并发现数字可以进行简单的计算之后，人和人之间就开始进行贸易了。之后，一批聪明人将数学运用到贸易之中，他们成为了最早的银行家。

繁华的古巴比伦

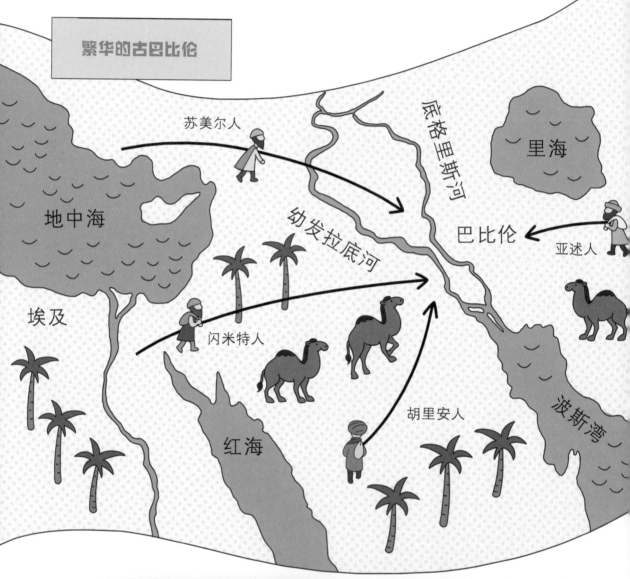

古巴比伦文明发源于两河流域，底格里斯河与幼发拉底河为古巴比伦孕育了大片肥沃的土地。然而，干旱的时候如何引水，发洪水的时候又有多少庄稼被淹没？这些问题需要通过精巧的工程设计和大量的数学计算才能解决。为了填饱肚子，古巴比伦人认认真真地研究着数学。

苏美尔人
闪米特人

胡里安人
亚述人

研究数学的好处是巨大的，至少在贸易的过程中，古巴比伦人是占优势的一方。那时，两河流域生活着许多民族：苏美尔人、闪米特人、胡里安人、亚述人等，他们聚集到繁荣发达的古巴比伦，卖出携带的商品或者购买自己需要的东西。然而每个民族都有自己的度量衡和计数方法，和不同民族的人进行贸易时，采用的方法是不一样的。如果没有一颗擅长数学的头脑，那么上当受骗是迟早的事。

古巴比伦的乘法表

7×1=7	7×11=77	7×25=175
7×2=14	7×12=84	7×30=210
7×3=21	7×13=91	7×35=245
7×4=28	7×14=98	7×40=280
7×5=35	7×15=105	7×45=315
7×6=42	7×16=112	7×50=350
7×7=49	7×17=119	7×55=385
7×8=56	7×18=126	7×60=420
7×9=63	7×19=133	
7×10=70	7×20=140	

古巴比伦有一个职业叫作书吏，他们几乎掌握了之前人类文明积累下来的全部数学知识。丈量土地面积的时候，书吏在；测量容器的体积时，书吏在；计算当年的收成时，书吏在……当贸易越来越发达的时候，这些聪明的书吏还学会了计算利息。

在强大的数学头脑的推动下，古巴比伦很快出现了最早的银行。他们的银行可以贷款，贷款还会分成无息贷款、租赁和有息贷款。只要有生意头脑，即使没有本钱，找银行贷款也有可能成就一番大事业！这样的方式，和现代银行的某些功能，是非常相似的。

借 1 袋，1 年后还：$1+\frac{1}{5}$；2 年后还：$1+\frac{2}{5}$；3 年后还：$1+\frac{3}{5}$；4 年后还：$1+\frac{4}{5}$；5 年后还：$1+\frac{5}{5}$。

有一个古巴比伦人问邻居借了 1 袋银币做生意，他向邻居保证一年后多还 $\frac{1}{5}$ 当作利息，邻居痛快地答应了。可是，一年以后，这个人并没有足够多的钱还给邻居，一直过了 5 年后，他才挣够了钱。按照当初的规定，他还给了邻居 2 袋银币，邻居欣然接受了。

1 年后还：$1+\frac{1}{5}$

2 年后还：$(1+\frac{1}{5})^2$

3 年后还：$(1+\frac{1}{5})^3$

4 年后还：$(1+\frac{1}{5})^4$

5 年后还：$(1+\frac{1}{5})^5=2.488$

那 30 年后该还多少呢?

不久之后，这个古巴比伦人又需要 1 袋银币。可这次，邻居的银币用来修房子了，没有多余的钱借给他，他便向银行家借了 1 袋银币，条件一样：每年多还 $\frac{1}{5}$ 当作利息。5 年后，当古巴比伦人拿着 2 袋银币前去还钱的时候，银行家并没有接受，他告诉古巴比伦人："2 袋银币是不够的，你需要还给我更多的银币。" 原来，从第二年起，银行家每年不再按照最初的 1 袋银币来计算利息，而是还要加上上一年银币的 $\frac{1}{5}$ 以此类推下来，古巴比伦人就需要还给银行家更多的钱。

货币的诞生

　　在最早的时候，我们的祖先要想进行贸易，采取的都是以物易物的模式，但是以物易物需要满足一个特别严格的条件，就是需求的双重一致性。也就是说，你有的物品是对方想要的，而对方的物品也是你想要的。

运气不好的张三，辛辛苦苦跑了大半天，还是没有换到自己想要的东西。虽说并不是每次都会这样，但是直接就换到自己想要的东西，还是一件十分困难的事情。在这种情况下，货币诞生了。

货币的作用

货币在诞生之后，经历了许多不同的形态：贝壳、金属、纸币、电子货币……但无论如何改变，货币的作用是永远不变的，它一直作为一般等价物为交易活动提供便利。

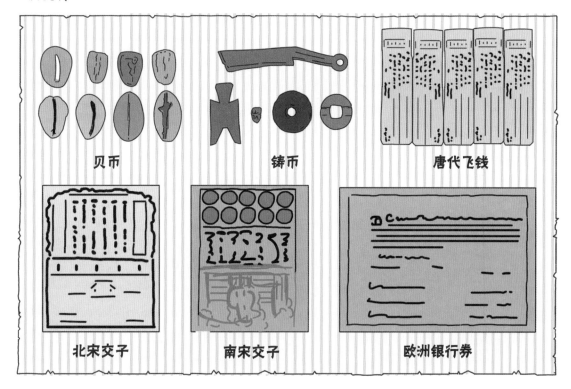

| 贝币 | 铸币 | 唐代飞钱 |
| 北宋交子 | 南宋交子 | 欧洲银行券 |

假设市场上有 N 种货物，这些货物总共需要 $N \times (N-1)$ 种价格。水果市场上现在只有苹果、香蕉和桃子3种商品，那么有 $3 \times 2 = 6$ 种价格，即：

1个苹果 = 2根香蕉　　1个苹果 = 3个桃子　　1根香蕉 = $\frac{1}{2}$ 个苹果

1根香蕉 = $\frac{3}{2}$ 个桃子　　1个桃子 = $\frac{1}{3}$ 个苹果　　1个桃子 = $\frac{2}{3}$ 根香蕉

假设将苹果作为货币，那么1根香蕉 = $\frac{1}{2}$ 个苹果、1个桃子 = $\frac{1}{3}$ 个苹果。这样的方法大大减少了标价数量，也方便了商品之间的比价。但如果不懂数学，不会将复杂的问题简单化处理，那么就只能像张三一样，跑断腿也不一定能够换到自己想要的东西。

货币的流通

货币作为交易媒介，极大地便利了商品交换，降低了交易成本，促进了贸易发展和专业分工。某地的货币流通速度越快，则表示这里的交易量越多。

世界上的货币

我们常常将地球称作"地球村"，每个国家就像是地球村的村民，大家之间也需要相互交换，进行贸易。"村民"们之间的贸易是用什么结算的呢？

地球上每个国家的货币都不一样，大家在进行贸易的时候，通常会选用一些被世界各国公认的货币，如美元、欧元、英镑、日元、人民币，还有加元、澳元等，它们都属于世界通用货币。

世界通用货币支付占比 TOP 榜

01	美元
02	欧元
03	英镑
04	人民币
05	日元
06	加拿大元
07	澳元

美元

第二次世界大战结束后，美元作为储备货币，开始在美国以外的国家广泛使用并最终成为国际货币。有趣的是，所有面值的美元大小都一样，20 美元是美国使用量最大的高面值纸钞。美元的货币符号用"$"表示。

欧元

欧元是欧盟国家使用的货币。欧元的出现，让欧元区国家间自由贸易变得更加方便了。欧元简写为 Euro，它的货币符号是"€"。

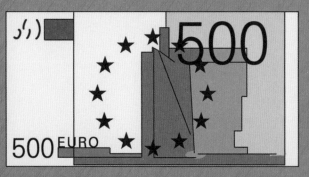

英镑

英镑的符号是"£"，它是英国国家货币和货币单位名称。英国是世界最早实行工业化的国家，这里金融业很发达，因此英镑在外汇交易结算中占有非常高的地位。英镑上一般会印对国家做出贡献的人物及皇室成员。

人民币

人民币是中华人民共和国的法定货币。人民币的单位是元，人民币的辅币单位为角、分。人民币符号为元的拼音首字母大写 Y 加上两横，即"￥"。

日元

日元货币符号为"￥"，是日本的货币单位名称。日元纸币称为日本银行券，日元的纸币面额很大，有 10000、5000、2000、1000 日元等面额。

加拿大元

加拿大元的符号是"C$"，是加拿大的官方货币。现在发行的加拿大纸币有 5、10、20、50、100 元 5 种面额，硬币有 1、5、10、25、50 加分和 1、2 加元 7 种。

澳大利亚元

澳大利亚元的符号是"$"，是澳大利亚联邦的法定货币。现在发行的澳大利亚纸币有5、10、20、50、100元5种面额，另有5、10、20、50分和1、2澳元硬币。

如何区分人民币和日元

聪明的你一定发现了这个"¥"的秘密：人民币和日元的简写符号都是"¥"，那当二者同时出现的时候，我们该怎样区分它们呢？

CNY ¥1000（1000人民币）

JPY ¥1000（1000日元）

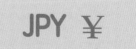

如上图所示，表示人民币时要在符号"¥"前添加 CNY 字样，表示日元时要在符号"¥"前加 JPY 字样。

最早的硬币

据古希腊历史学家希罗多德记载，吕底亚是最先开始使用金币和银币的地方。大约在公元前600年，吕底亚（位于现在的土耳其西部）的国王阿利亚特铸造了第一种官方货币。工匠们将混合着金银的金属制成了圆圆的银币，并在上面印上了表示面值的图案。如果想要买一个陶罐，你就要付给店家一个画着蛇的银币和两个画着猫头鹰的银币。

其他的货币

除了以上几种通用货币外，世界上还有很多货币，它们的名气一点儿也不比那些通用货币小呢！

泰国：泰铢

缅甸：缅元

越南：越南盾

俄罗斯：卢布

德国：马克（现已停止发行，用欧元）

法国：法郎（现已停止发行流通，改用欧元）

沙特阿拉伯：沙特里亚尔

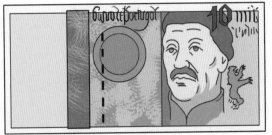

葡萄牙：埃斯库多（现已停止发行流通，改用欧元）

朵朵听懂了，她赶紧掏出自已小金库里的人民币，央求爸爸帮自已换成泰铢。

国家或地区	基本单位	货币符号
中国	人民币	¥
美国	美元	$
日本	日元	¥
英国	英镑	£
南非	兰特	R
欧盟	欧元	€
泰国	泰铢	฿

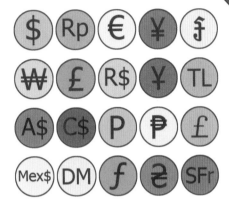

在我们出国旅行前，人们通常都会提前去银行兑换好他国货币，方便在国外使用。不同国家的货币，它们之间的兑换比率都是不同的，这个比率就叫作"汇率"。有些国家的汇率是固定的，比值几乎不变，有的国家的汇率则是随时变化浮动的。

我国的人民币会随时变化浮动，比如1990年的时候，1美元只能兑换4.8元人民币；到了2001年，1美元就可以兑换8.3元人民币了，2021年，1美元却只能兑换6.4元人民币了。正是因为汇率在不断地变化，因此要是计划出国，最好提前关注汇率的变化，这样才能在最合适的时候兑换到最多的外币。

开动你的小脑筋想一想，如果1元人民币能换4.87泰铢，那么也就是说人民币和泰铢的汇率约为1:4.87。朵朵目前有500元人民币，爸爸能够帮她兑换多少泰铢呢？这500元大约可以换到2435泰铢，即500 × 4.87=2435。

这回可以放心地买东西啦！

小小卡片本领大

朵朵全家开开心心地在泰国游玩几天后，他们来到了最后一站——免税店，朵朵想要在这里为爷爷奶奶和朋友们带一些伴手礼。然而，在结账时，令朵朵没想到的一幕发生了：他们带的钱全部花光了！

正当朵朵红着脸不知所措时，妈妈从包里掏出了一张小卡片，收银员"叮"地一刷，一切问题都解决了！朵朵恍然大悟，没纸币了不要紧，我们还可以用银行卡支付！

当现金变成银行卡

银行卡是银行向社会发行的具有消费信用贷款、转账结算、存取现金等全部或部分功能的信用支付工具。在现代社会中，当大家需要支付大量货币时，通常不会使用现金，而是以电子货币的形式，将钱转入对方的银行卡中。这样的交易方式既方便又快捷。

银行卡的优势一：没有找零的烦恼

不管去超市购物，还是在杂货店里买东西，都避免不了找零。兜里零钱一多，既占地方又容易丢失，刷卡就能直接省去这些烦恼啦！

银行卡的优势二：携带方便、安全

　　如果没有银行卡，人们出远门时，就得带上大量的现金。这么多的现金肯定容易被小偷惦记，带上银行卡就方便、安全多啦！

出门旅行必备的小伙伴就是我！

银行卡的优势三：查询、存取方便

　　如果真的需要用到现金，即使银行下班了，也不用担心。现在大街上随处可见自动取款机，需要多少取多少，简直太方便啦！甚至连寒冷偏远的南极洲都有1台自动取款机呢！

手机支付

　　近年来，随着科技的飞速发展，银行卡多了一个竞争对手——手机支付。人们可以在手机上下载手机银行APP，然后和银行卡绑定，在付款时，就可以直接用手机扫码，而不需要再去掏银行卡了。

你已经落伍啦！

有本事你别和我绑定！

长江后浪推前浪，前浪被拍在沙滩上！

中国银行

XXXX银行

100

27

朵朵的生活账单

这次旅行结束后，朵朵发现自己的小金库严重缩水了，怎么办呢？赶紧想办法挣钱吧！利用自己的空闲时间，朵朵开启了打工之路：

吃完晚饭后，朵朵勤快地帮妈妈收拾好餐桌，并自告奋勇地要求洗碗——因为帮忙洗碗可以得到10元钱的奖励！

早晨，趁着大家都在洗漱，朵朵赶紧将家里扫得干干净净，并且把里里外外都拖了一遍。耶！又挣了10元钱！

朵朵将自己不玩的玩具、书籍都整理好，并拿到了小区广场摆摊售卖。她在太阳下晒了两小时，最后卖出了2个玩具，3本书，收入25元。

实在是太累了！朵朵无比怀念过年时的大红包，平时攒钱怎么那么难呢？朵朵决定和妈妈诉诉苦，最好能提高一下干家务的报酬，这样才能赶紧补充小金库。然而妈妈却并不同意给朵朵"涨工资"，并且还写下一长串的数字。妈妈告诉朵朵，这都是家里平时的开销，朵朵一看，大吃一惊。

住房

在妈妈的账单中，家里每个月最大的开销是住房。朵朵家的房子是爸爸妈妈十年前贷款买来的，妈妈说房子总价是75万，当时首付了房子总价的40%，贷款15年，每个月都需要给银行还钱。朵朵算了一下：

$$月还款金额 = \frac{贷款本金 \times 年利率 \times 贷款年限 + 贷款本金}{贷款月数}$$

家里首付 40%，也就是家里付了 30 万后再向银行贷款 45 万，当时的贷款年利率是 6.4%，那么每个月家里需要还：

（450000 × 6.4% × 15+450000）÷（15 × 12）

=882000÷180

=4900（元）

妈妈还说："朵朵，咱们家 3 个人，平摊到每个人身上，一个人每月的住房开销大约是 1630 元。"

衣服

朵朵的衣服大多以舒适型为主，价格都不高。每一季度，妈妈都会给朵朵添置两三身新衣服，这笔账，妈妈只算了 500 元。

饮食

每天开门七件事，柴米油盐酱醋茶！对朵朵而言，一天三顿饭是必不可少的。妈妈将朵朵的伙食费列了出来，朵朵没想到自己竟然那么能吃。

早餐：必不可少的肉蛋奶 平均每顿 10 元

午餐：学校统一用餐 平均每顿 20 元

晚餐：主食水果 平均每顿 15 元

这样算下来，朵朵每天吃饭需要 45 元，那么一个月则是 30 × 45=1350 元。妈妈告诉朵朵，这还不包含每周在外面吃的一顿大餐！朵朵突然觉得今天下午吃的抹茶蛋糕不香了，因为它要 15 元，简直太贵了！

教育

朵朵一学期的学费是 4200 元，一年算下来则是 4200×2=8400 元，平均到每个月需要 8400÷12=700 元。朵朵有两个兴趣班，钢琴一年 10000 元，平均每个月 830 元，英语一年也是 10000 元，平均每个月 830 元。每年的寒暑假，朵朵都会参加研学夏令营和冬令营，两次活动的费用大约在 12000 元左右，平均到每个月是 1200 元。这样算下来，朵朵每个月的教育费用是：

700+830+830+1200=3560 元

交通

朵朵家离学校并不近，每天，爸爸都会先开车送朵朵去上学，然后再去公司。可开车需要加油、维修、上保险，遇到周末郊游，还会需要路桥费。妈妈将交通清单列了出来：

停车费：150 元 / 月

汽车保险费：300 元 / 月

汽车保养费：200 元 / 月

汽油费：500 元 / 月

合计：1150 元 / 月

妈妈说："爸爸平时用车多一点，所以交通费就算 300 元好了。"朵朵苦着脸感叹家里开销越来越大了。然而，这还没完。

其他

　　妈妈告诉朵朵，除了衣、食、住、行、教育之外，生活中还有许多看不见的消费，如每个月的水、电、天然气、电话、宽带……这些都需要按时缴费。朵朵家一个月还要交多少钱呢？

　　水费：生活用水 2.07 元 / 吨，家里一个月大约用 15 吨水，一个月的水费为 15 × 2.07=31.05（元）

　　电费：生活用电 0.48 元 / 度，朵朵家一个月需要 150 度电，一个月的电费为 0.48 × 150=72（元）

　　天然气：朵朵家大约 2 天使用 1 米³ 天然气，一个月需要 15 米³ 天然气，天然气的价格为 2.28 元 / 米³，家中每月天然气费用为 15 × 2.28=34.2（元）

　　电话费：朵朵的电话手表和妈妈的号码是绑在一起的，每个月共花费 120 元。

　　宽带：家里的宽带一年 750 元，平均一个月 62.5 元。

　　合计：319.7 元

　　这些费用，妈妈给朵朵分摊了 100 元。

合计：
319.7 元

　　当妈妈把朵朵一个月的开销一笔一笔列出来后，朵朵再也说不出让妈妈给"涨工资"的话了。她算过了，自己一个月的开销差不多在 7000 元左右，真是一个可怕的数字！自己一个人都要花这么多，那全家算起来，开销就更大了。

　　朵朵这下深刻地体会到爸爸妈妈常常说"生活压力山大"是什么意思了，美好的生活都是爸爸妈妈辛辛苦苦挣钱换来的，自己也要更加努力才行！为了给爸爸妈妈减压，朵朵决定从学会节约做起！

压力山大

为什么人民币上的数字只有 1、2、5 呢?

你有没有注意过我国货币的面额? 我国曾经发行过 1 分、2 分、5 分的硬币,也发行过 1 角、2 角、5 角的硬币和纸币,还有 1 元、2 元、5 元、10 元、20 元、50 元和 100 元的纸币。那么问题来了,为什么货币上的数字只有 1、2、5 呢? 难道这 3 个数字有招财的潜质?

我们目前使用的是第五套人民币,由于 2 角、2 分和 2 元的使用频率比较低,在第五套人民币中,国家已经不再发行了,但面额较大的 20 元人民币还在继续使用。

不不不,千万不要想太多哟! 其实这里面是有一个数学道理的。在发行人民币的时候,人们会尽量让货币的面额种类少一点,并且还要能容易地组成 1~9 这 9 个数字,这样人们使用起来才能方便一些。而刚好 1、2、5 就是符合这个条件的最佳组合。最多只需要从 1、2、5 中选出 3 个数就可以组成其他的数字,也就是:

1+2=3   2+2=4   1+5=6   5+2=7   5+2+1=8   5+2+2=9

同样的道理,只要有足够多的 10 元、20 元和 50 元面额的人民币,那么你就可以任意组成百元内的货币。因此,在货币中,1、2、5 这 3 个数字是非常受欢迎的。

1、2、5

被开除的 3

虽然世界上大多数货币面额都是由 1、2、5 这几个数字组成的,但曾经 3 也是货币数字中的一员,在发行于 1953 年的第二套人民币中,就有 3 元面额的人民币。它为什么突然被开除了呢?

原因一：3 是非重要数

在 1~10 这 10 个自然数里有"重要数"和"非重要数"之分，1、2、5、10 就是"重要数"，这几个数可以用最少的加减运算得到另外的数字（参考上一页算式）。但如果将这 4 个"重要数"中的任何一个数字用"非重要数"代替，那么有些数就需要经过两次或者两次以上的加减运算才能得到，使用起来特别不方便。假如用 3 元代替 5 元的话：

3+3+1=7 或 3+2+2=7 而 5+2=7

3+3+3=9 或 3+2+1+3=9 而 5+2+2=9

原因二：整倍数关系

国家在确定面额等次的时候，最高面额与其他各种面额之间通常都是整倍数的关系，这样的数字组合使用才更加方便。

原因三：3 出现的概率小

人们在研究概率学的时候发现：在 1~9 的各种数字排列组合中，3 出现的概率最多的时候只有 18%，而 1、2、5 出现的总概率则有 90%，这让 3 元面额的人民币黯然退场。

会说话的脚印

什么！脚印会说话？如果我在地上留下一连串的脚印，它们是不是可以开个座谈会了？别惊讶，在某些场合，脚印真的会"说话"，它说出的数字非常重要，不信你来看看！

凶手和脚印

脚印在说什么

局长为什么认定报案人就是凶手呢？这一切多亏了脚印。

我能推测出罪犯的身高、体重和性别

身高＝脚印长度 ×6.876。通过这个公式，在已知脚印长度的情况下，我们就能推测出脚印主人的身高。这也太复杂了，还得随身备个计算器。其实，你只要记住，七个脚长的和等于身高就可以了。你可以采集一些人们在雪地里或者泥巴地上留下的脚印，算一算，就大概知道每个人的身高了。

犯罪分子的体重越重，留下的脚印就越深！留下的脚印越深，就说明他的体重越重。身高结合体重，就可以推测出他是一个矮胖子还是一个瘦高个了，基本八九不离十。

犯罪分子是男是女？女性的鞋子大概都在 40 码以下，以 35 ～ 38 码最常见，而男性的鞋子则集中在 40 ～ 43 码之间。公安人员在办案时，只要现场留有脚印，那么根据脚印的情况，他们就能快速框定犯罪嫌疑人的基本信息。

为什么 0.618 是最美的数字？

在数学界，0.618 是公认的最美数字，它出现在人体美学中，出现在建筑设计中，出现在艺术作品中……因为独具魅力，它被人们称作"黄金分割"。

什么是黄金分割？

黄金分割也被称作黄金比、黄金律，它代表着事物两部分之间的比例关系。也就是说，如果将一条线段分成长短两部分，长的部分与线段原先长度的比值等于 0.618，而短的部分与长的部分的比值也等于 0.618，这样的比值，就是人们公认的最有美感的比值。

黄金分割的起源

传说黄金分割比例来源于古希腊数学家毕达哥拉斯。某一天，毕达哥拉斯正在街上散步，突然听到了"丁丁当当"的打铁声。听着听着，他发现打铁的节奏很有规律、很动听，于是他陷入了思考之中，后来竟然用数学理论将这个比例计算了出来。哲学家柏拉图也认为这个比例很奇妙，特别具有美感。这个奇妙的数字 0.618 之后被应用到很多领域，成功摘得了"最美数字"的桂冠。

地球上的黄金分割

　　人们用经纬度来标记地球上某一地区的坐标系统。翻开家里的地图，从上到下看一遍，你会发现地球表面的纬度范围是 0~90°，如果对纬度进行黄金分割，则 34.38°~55.62° 正是地球的黄金地带。这一片区域无论是平均气温、年日照时数、年降水量和相对湿度等方面都更加优于地球上的其他地区，并且也更加适合人类生存繁衍。更加神奇的是，地球上几乎所有的发达国家都位于这片黄金分割地区。看样子连我们的地球也认同 0.618 的美呢！

毕达哥拉斯

0.618

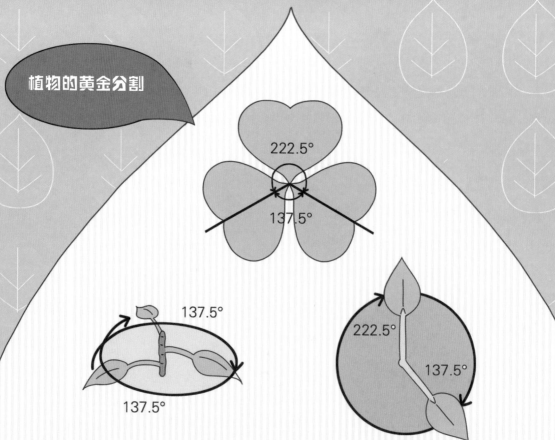

　　不仅地球认同 0.618 的美，地球上的很多植物也将 0.618 的美运用在自己的生长中。例如叶子的叶序（叶子在茎上的排列顺序）看起来非常和谐，植物学家们经过计算，发现每片叶子的排序都是有规律的，上下层中相邻的两片叶子之间的角几乎都是 137.5°，而一周是 360°，360°－137.5°＝222.5°，137.5°：222.5°≈0.618。这下你知道为什么叶子长得如此赏心悦目了吧？

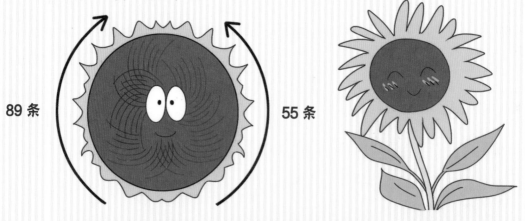

89 条　　　　　55 条

　　这棵向日葵成熟了，花盘上长满了饱满的葵花籽。这些葵花籽的排列很有意思，它们在花盘上呈相反的弧线状排列，就像一条条曲线，花盘大小不同，曲线的数量也不同。通常顺时针方向的曲线有 89 条，而逆时针方向的曲线则有 55 条。也有的向日葵是顺时针方向有 55 条，逆时针方向有 34 条；或者顺时针方向有 144 条，逆时针方向有 89 条。如果把每一组的比值进行比较，就会发现它们越来越接近 0.618。看来，向日葵也是一种爱美的植物呢！

黄金分割的谜之魅力

　　为什么人们这样认可黄金分割，认为它就是最美的比例呢？据说这和人类的演化以及人体正常发育密切相关。在人类从猿进化到人的几百万年里，我们的身体构造慢慢发生着改变，面部、四肢、躯干都在不停地向着更加适合生存的方向进化。渐渐地，我们的身体中产生了许多接近0.618比例的结构，人体在随后几十万年的发展中固定了下来。这样的完美比例必然是人类最喜欢的比例，因此越是与这个比例接近的物体，人们也就越喜欢它。

我们身体上的黄金分割

　　你知道吗？我们的身体上有多达14个黄金分割点。我们的肚脐是整个身体的黄金分割点；从肚脐到脚跟这段距离的黄金分割点在膝盖的位置；整个手臂也有黄金分割点，就是我们的手肘；而头顶到肚脐的黄金分割点是咽喉的位置；脸部的黄金分割点则是在眉心处……

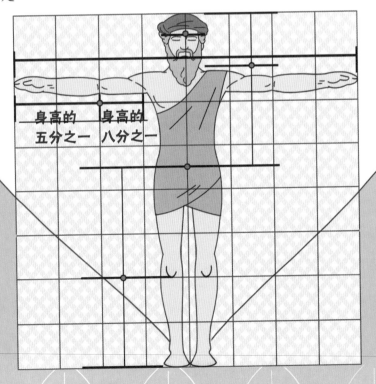

身高的
五分之一

身高的
八分之一

艺术中的黄金分割

测一测

人们发现，拥有黄金分割比例的身材是最美丽的。测一测，看看你的身体比例符合黄金分割吗？

第一步：量出你的身高得出数值1；

第二步：测量双脚到肚脐的距离得出数值2；

第三步：用数值2除以数值1，如果结果是0.618，那就恭喜你啦，你拥有一个完美的身材。

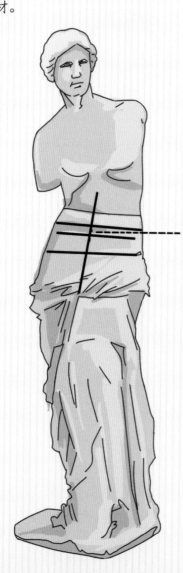

很早以前，古希腊的艺术家们就开始将黄金分割用于艺术创作中了。古希腊的维纳斯女神雕像和太阳神阿波罗的雕像都被艺术家们延长了双腿，这样创作出的雕像身材的比例恰好就是0.618，人们认为这样的雕像更具古典美。

在画家们的笔下，人体的最佳比例也是 0.618。意大利画家达·芬奇的作品《维特鲁威人》《蒙娜丽莎》以及《最后的晚餐》中都运用了黄金分割来构图。后来的几何派画家、抽象派画家以及现代很多画家在创作时，都会运用到这个比例，0.618 的魅力，已然征服了艺术界。

在现实生活中，女性腰身以下的长度平均只占身高的 0.58，那么怎样才能让自己看起来更加美丽呢？女士们穿上了高跟鞋，这样能让双腿更长一些，身体的比例接近 0.618：1，身材看起来就更加完美了。同样的道理，当芭蕾舞演员们踮起脚尖翩翩起舞时，她们看起来比平时更加轻盈、优雅。

除了艺术家们，数字 0.618 在建筑界里也备受宠爱。古希腊的帕特农神殿，它的高和宽的比是 0.618：1。精确的黄金分割，让整个殿堂更加雄伟、美丽；法国巴黎圣母院的正面高度和宽度的比例是 8：5，它的每一扇窗户长宽比例也是如此……

除此之外，胡夫金字塔、埃菲尔铁塔、泰姬陵、故宫等著名建筑在构图布局和设计方面，都运用了黄金分割的法则，这些建筑都呈现出一种和谐的建筑美。

黄金分割和武器

古时候，人们还不明白黄金分割的意思，但是在制造宝剑、大刀、长矛等武器时，人们会下意识地按照这个比例来制造武器，因为这样的武器用起来会更加顺手一些。最早的步枪被发明时，它的枪把和枪身的长度比例很不科学合理，士兵们抓握和瞄准时特别不方便。到了 1918 年，一个名叫阿尔文·约克的美国远征军下士实在无法将自己的性命托付给这个不方便的武器，于是他对这种步枪进行了改进。改进后，这款步枪的枪身和枪把的比例恰恰符合 1：0.618 的比例，这个改动大大提高了它的使用性能。

嘿，小伙子！你的胃不想吃那么多！

　　黄金分割离我们很近，它几乎天天出现在我们的身边，不信你来看看！人的体温大约在 36℃ ~ 37℃ 之间，对人体而言，22℃ ~24℃ 的环境是最舒适的，而 37℃ × 0.618 ≈ 22.8℃！据研究，在这种温度下，我们的新陈代谢、生理节奏和功能都处于最佳状态中。

　　养生学家们还发现，当人们劳逸结合，运动和休息的时间比例是 0.618 时，对身体最有利。专家们经过医学分析还发现，吃饭吃六七成饱的人得胃病的概率会小很多。

建筑里的数学奥秘

我们前面说到黄金分割在建筑界非常吃香，但对于数学而言，这只是它在建筑界的一个小亮点而已，在建筑界，数学的作用可是无可替代呢！

毕达哥拉斯和笔直的墙壁

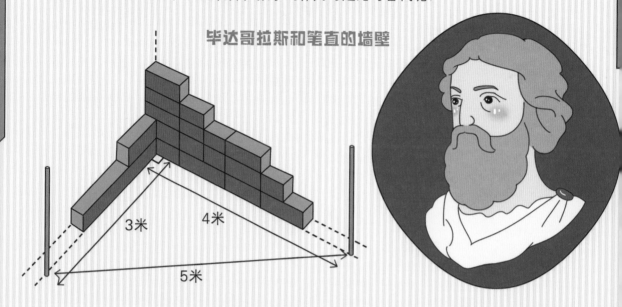

埃及的几何学家们是借助绳子来绘制直角的，但到了数学家毕达哥拉斯这里，他通过深入地研究，发现了"毕达戈拉斯定理"（勾股定理）这一著名的几何定理，他们通过这一定理，便能够砌出直角墙壁，建造出四四方方的房子。

图纸上的魔术

在建筑物开工之前，建筑设计师们通常需要先画出设计图，因此，设计师们必须熟练地掌握三角形、正方形、长方形和圆形的画法。可是最开始，设计师们只能在纸上画一些平面图形，他们真正的想法很难传达给其他人。后来，设计师们将一些图形变形、拆分或者重组，然后再叠加在一起。神奇的一幕出现了，原本图纸上平面的房屋和建筑物，变成了立体的建筑。

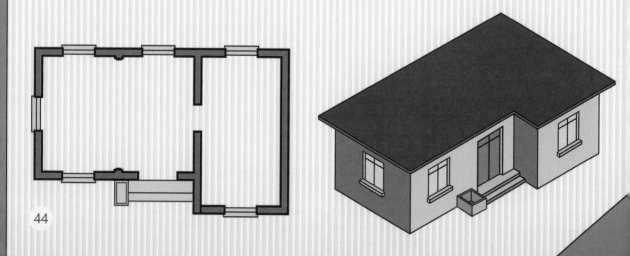

数学是平衡大师

埃菲尔铁塔是巴黎最高的建筑物，它于 1889 年建成，总高 324 米。著名建筑师、结构工程师古斯塔夫·埃菲尔是它的缔造者。

埃菲尔铁塔不同于以往的土木结构建筑，它是由很多分散的钢铁构件组成的，这些钢铁重达 10000 吨。这些重量全部压在了支撑铁塔的 4 根柱子上，每根柱子平均要分摊 2500 吨重量。为了让铁塔能够长久地稳定，古斯塔夫又为每根柱子设计了 4 根倾斜的斜梁，这样每根斜梁则分摊了 625 吨重量，当这些重量沿着钢铁构件来到地面时，每平方厘米的地面只承受 3~4 千克的重量！

数学和巨型桥梁

世界上总有一些地方，由于高山或者大海的阻隔，必须修建一些凌空的大桥。比如我国的北盘江大桥、法国的米约大桥。北盘江大桥连接云贵两省，横跨尼珠河大峡谷，全长 1341.4 米，桥面到江面垂直高度 565.4 米，相当于 200 层楼高。

米约大桥坐落在法国南部塔恩河谷，桥面与地面最低处垂直距离达 270 米。

要完成这么伟大的工程，自然要经过无数次的计算。大桥桥面的最佳弧度应该是多少？它们能够抵御多少级的大风？大桥的倾斜度应该是多少才合理？

数学与道路

跑长途的货运司机经常行驶在一些修建在群山中的盘山公路上。这些公路弯曲而又狭长，有 U 形、S 形、C 形、V 形及 Z 型等不同弯道。为什么山中会修建这样的道路呢？

在数学家眼里，这些弯道公路就是一条条精确的数学曲线。在桥隧技术不发达的年代，想要翻越大山，就只能修建盘山公路。这样的盘旋线路可以减少道路的坡度，使车辆能够爬坡。只要计算好盘道的曲线，驾驶员就可以平稳地在山道中行驶，顺利翻山越岭。除此之外，修建轮滑轨道和过山车也需要借助缓和曲线，这样它们才能从直行安全过渡到弯路。

四四方方的街道

在修建城市道路时，四四方方的街道就要比弯弯曲曲的街道更加受欢迎了。200多年前，美国在对曼哈顿城区进行改造时，将全城划分成16条南北走向的大道和155条东西走向的横街。每两条大道都相距280米，每两条横街都相距60米。划分结束后，人们还给每条街道编上编码，这样一来，无论你身处何方，都能又快又精准地报出自己的方位。即使是路痴，也很难在这样清楚的街区中迷路吧！

NEW YORK

假如你是鲁滨孙

在一场突如其来的海难中，倒霉的卢卡斯不幸被暴风吹到了一座荒凉的小岛上，成为现代版的"鲁滨孙"。小岛上一个 10 来岁的小岛民救了卢卡斯，他的荒岛求生生活即将开始……

卢卡斯醒来后，特别感谢救了自己的小伙伴，他为小伙伴取了一个好听的名字——星期天。星期天已经习惯风里来、雨里去的生活，可卢卡斯不行，估摸着淋一场大雨，他就会生病，在没有医生的荒岛上，那可就糟糕透了。

卢卡斯决定搭建一座能够遮风挡雨的小屋，他手忙脚乱地给星期天比划，聪明的星期天很快明白了他要做什么。他们一起走进岛上的树林，卢卡斯捡到了好多大大的芭蕉叶，还有一些细细的树枝，它们可以用来当屋顶。

星期天力气大，他从树林深处拖了好多根木头回来，并且将它们的树皮剥得干干净净，变成了一根根笔直的木材。卢卡斯已经没有力气了，他在地上画出了小屋的样子，兴致勃勃的星期天开始动手搭建小屋了。

等到卢卡斯一觉醒来，他发现星期天正笑嘻嘻地蹲在身边望着自己。卢卡斯抬头一望，哎哟！星期天真的搭了一个四四方方的小屋，上面还用芭蕉叶、树枝做了屋顶！卢卡斯开心地坐在小屋下，真凉快啊！但是，总觉得哪里怪怪的。还没等卢卡斯想清楚，一阵大风吹来，小屋吱吱呀呀地晃动着，星期天眼疾手快地拉起卢卡斯就跑，小屋"嘭"的一声，塌了！

星期天很不开心，明明就是按照卢卡斯的图搭建的小木屋，怎么风一吹就倒了？他简直太生气了！卢卡斯这才想起来，他一边用 4 根树枝绑了一个四边形，一边比划着对星期天说："我刚才忘记和你讲了，四边形是不稳定的，它很容易变形。"说着，他压了压做好的四边形，四边形果然变形了。

星期天好奇地看着，他明白了为什么四边形的小屋会被风吹倒了。卢卡斯又说："建筑要用到三角形，因为三角形具有稳定性，它是最牢固的形状！"卢卡斯灵活地用 3 根树枝绑了一个三角形，它果然非常稳当。

星期天明白了，他兴冲冲地在处理好的木材里挑选了3根木头，可是无论他怎么拼，就是拼不成一个三角形，星期天急得满头大汗。卢卡斯凑上去一看。

原来，星期天第一次把2米、1.2米和0.3米的木头放在一起。可是他觉得1.2米的木材太短了，怎么都拼不成一个三角形。

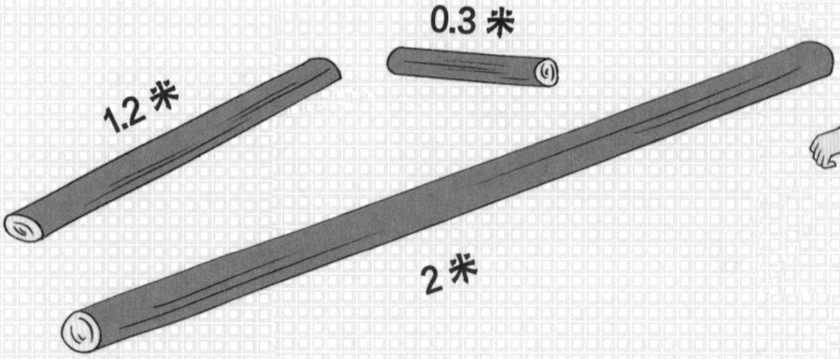

0.3 米

1.2 米

2 米

星期天想了想，将1.2米的木头搬走，换成了一根1.6米的木头，可这次，他觉得2米的木头太长了。

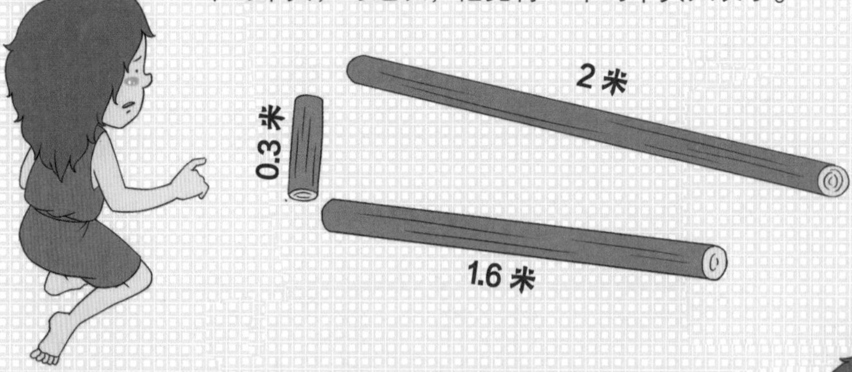

2 米

0.3 米

1.6 米

星期天挑来挑去，最后把1.2米、1.6米和0.3米的木头放在了一起。可无论怎么摆，还是摆不出来一个三角形，太气人了！

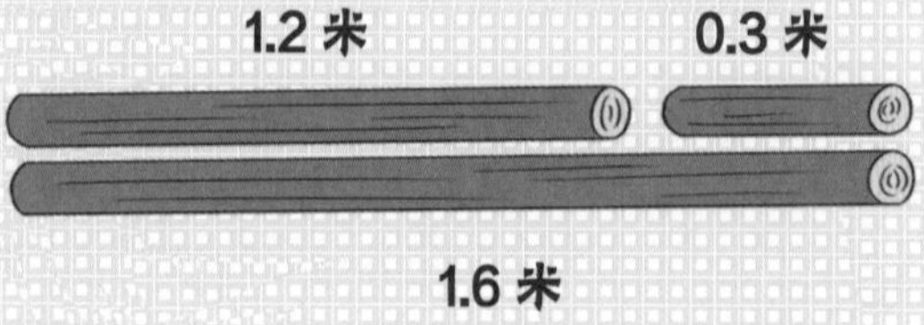

1.2 米

0.3 米

1.6 米

卢卡斯在一旁观察了许久，他拉起星期天，将沙滩当作黑板，开始给星期天上课了。

"星期天，在三角形中有一个特殊的关系——任意两边的长度之和大于第三条边。如果你选的木头满足不了这个条件，那么它们是无法拼成三角形的。"

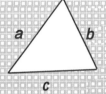 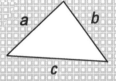

$$a+b >c, \ a+c>b, \ b+c > a$$

"三角形任意两边之和大于第三边。"

卢卡斯拉着星期天来到了木堆旁边，他挑出了长度为 1.2 米、1.6 米和 2 米的 3 根木头，这些木头的长度恰好能拼成合适的三角形。卢卡斯想了想，他和星期天一起，又将刚才的小屋搭了起来。这次，为了让小屋更加结实，他为其他 3 面多加了一根木头，这样四边形就变成了稳定的三角形，他们的小屋这次再也不会被风吹垮啦！

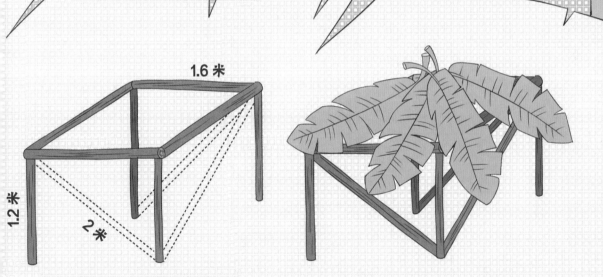

靠着这个小屋和星期天的帮助，卢卡斯顺利地等来了救援，他带着星期天，踏上了回家的路。他想："我一定要让星期天好好学数学，他肯定会成为一个出色的建筑师！"

数学巨星二三事

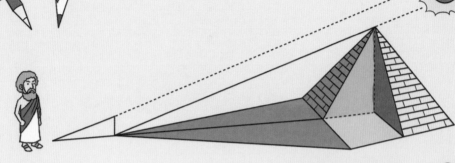

姓名：泰勒斯

出生日期：约公元前 624 年

国籍：古希腊

职业：思想家、科学家、哲学家

主要成就：创建了古希腊最早的哲学学派，是米利都学派的创始人。

西方思想史上第一个有记载、有名字留下来的思想家。古希腊及西方第一个自然科学家和哲学家，学界公认的"哲学史第一人"。

小编：泰勒斯老师，能讲讲您当初是怎样测量金字塔高度的吗？

泰勒斯：那一年我大概 25 岁吧！到了埃及之后，恰巧法老悬赏解决测量埃及高耸入云的金字塔的高度问题。我观察了很久，发现金字塔底部是正方形，4 个侧面都是等腰三角形，可这些并不足以解决问题。有一天，在烈日下，金字塔的影子不断地变化着，我在金字塔地面正方形一边的中点做了记号，然后当我自己的影子和身高完全一致时，我就赶紧去测量金字塔影子的顶点到做记号的中点的距离。有了这些数字，我就很轻松地得到了金字塔的高度。

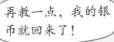

再教一点，我的银币就回来了！

天哪，我快没钱了！

姓名：**毕达哥拉斯**

出生日期：约公元前 580 年

国籍：古希腊

职业：数学家、哲学家

主要成就：发现毕达哥拉斯定理（勾股定理），证明了正多面体的个数，创建了毕达哥拉斯学派。

小编：老师，听说您的学生数量众多，真是好羡慕哇！

毕达哥拉斯：我有一个穷学生，我当初看他很勤快，就想着教他学习几何，结果这家伙要求学一个定理就给他三枚银币。我看他确实也是学几何的料，果然，他后来想让我教快点，教多点，还提出多教一个定理，他就给我一枚银币。呵呵，没多久他就把从我这里挣的钱全部还给了我。我脑子里存的知识多了去了，哪里是银币能够衡量的！

姓名：欧几里得

出生日期：约公元前 330 年
国籍：古希腊
职业：数学家
主要成就：代表作《几何原本》，是欧洲数学的基础，他的书中提出五大公设。欧几里得被称为"几何之父"。

小编：老师，您是怎么想到要学几何的？

欧几里得：这一切要感谢我的家乡，我出生于雅典，那时雅典就是古希腊文明的中心。如果你天天陶醉在浓郁的文化气氛中，你也会迫不及待地想要学习。尤其是我的老师柏拉图，我们每个人都以能跟他学习为荣。

小编：听说您的老师不收不懂几何的学生，这是真的吗？

欧几里得：我老师那么忙，哪有时间给门外汉启蒙啊！当年他是在学园门口挂了一块木牌，上面写着："不懂几何者，不得入内"！可我还是坚定不移地进去了，我那群小伙伴，老师一个都没收！

小编：那就是说，您的几何特别好？

欧几里得：其实吧，我当初也不会啊！但是我就是想学，而且我相信自己一定能学好几何，我就用我认真钻研的精神，感动了老师，他最终收下了我。还好，我也没给老师丢人，总算是有了点儿成就。

小编：您凭借一己之力奠定了几何学的基础，有没有什么好的办法可以分享给大家？

欧几里得：学习是没有捷径的，只有不断钻研，才能取得成果！加油！

姓名：阿基米德

出生日期：公元前 287 年

国籍：古希腊

职业：数学家、哲学家、物理学家、科学家、力学家

主要成就：

他的数学思想中蕴含着微积分概念；

研究出了螺旋形曲线的性质；

发现浮力原理；

发现杠杆原理。

小编：您曾经说过"给我一个支点，我就能撬起整个地球"。当时有人怀疑您的这个说法吗？

阿基米德：当然！当初国王就不相信，但是我向他证明了人类可以凭一己之力挪动一个大家伙。那天，国王的新船造好了，可是用了很多人也没有办法把这个庞然大物挪进水里。我在船的四周安装了一套精巧的滑轮组，然后命令一百多个人在大船前抓紧绳索。当国王到来后，他只需要轻轻拉动一根绳子，这艘大船就慢慢滑入了大海中！撬动地球也是同样的原理，可惜只能通过实验证明。

小编：这已经是很霸气的观点啦，普通人都不敢想！您太牛啦！据说战争时期，敌人认为您一个人能够抵一支军队？

阿基米德：可能是因为我发明了投石器和起重机吧，还利用镜子聚光的原理打过一场胜仗。

小编：你可真是太厉害了！

姓名：莱昂哈德·欧拉

出生日期：1707 年

国籍：瑞士

职业：数学家、物理学家

主要成就：初等几何的欧拉线；

多面体的欧拉定理；

变分法的欧拉方程；

……世界上最多产的数学家，几乎每一个数学
领域都能看到他的名字。

　　小编：欧拉老师，据说您一生中写下了 800 多本书籍，彼得堡科学院花了
47 年才整理完您的著作，您是如何完成这些著作的呢？

　　欧拉：对我而言，计算就像呼吸一样简单，就像雄鹰在空中盘旋一样轻松，
长篇学术论文就像写信一样容易。这也许和我的智商有关吧！我 13 岁就入读巴
塞尔大学，15 岁毕业，16 岁获得硕士学位，19 岁开始发表论文，26 岁担任彼得
堡科学院教授，30 岁时，我的右眼失明了，60 岁时，我的左右眼全都看不见了。
虽然失明了，但知识在我脑海里，它们不会因为我身体的残缺而离开。在学术的
海洋里，我感到很轻松。

　　小编：您这样的人才是真天才、真学霸！难怪欧洲的数学家们都视您为老师！

姓名：亨利·庞加莱

出生日期：1854 年

国籍：法国

职业：数学家、科学家、哲学家

主要成就：他提出了庞加莱猜想——数学中最著名的问题之一；

研究三体问题，是第一个发现混沌确定系统的人；

起草了狭义相对论的简略版。

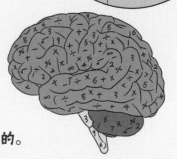

数学家不是培养出来的，而是天生的。

小编：庞加莱老师，您是被称作"最后一位数学全才"的数学家，对此，您有什么看法？

庞加莱：也没什么大不了的吧？我就是比较喜欢研究，数论、代数学、几何学、拓扑学都是我的研究对象。大家这样夸我，我都不好意思了。

小编：哇哦，大家夸得没错！您确实是数学全才。人们都对您的庞加莱猜想很感兴趣，您可以介绍一下吗？

庞加莱：在任何一个封闭的、能柔软延展的三维空间里面，所有的封闭曲线如果都可以收缩成一点，那么这个空间一定能被吹涨成一个三维球面。

小编：这个解释有点儿难以理解……

庞加莱：你可以这样想象一下，这里有一个巨大的球形房子，它没有窗户没有门，墙壁是用钢做的，非常结实，我们就在这样的球形房子里。我们手上有一个气球，可以把它吹成任何形状，假设气球的皮特别结实，肯定不会被吹破，而且它的皮是无限薄的。接着我们继续吹大这个气球，一直吹，吹到最后，气球表面和整个球形房子的墙壁表面一定是紧紧地贴住，中间没有任何缝隙的。

小编：这次我理解了，您真是太厉害啦！

迷路的圣诞老人

　　一年一度的圣诞节到了，圣诞老人像往年一样，赶着驯鹿，乘着雪橇，载着礼物前往世界各地分发圣诞礼物。当他们走到德国时，领头鹿鲁道夫由于喝了太冷的冰水拉肚子无法再出发，只好由其他的驯鹿拉着圣诞老人送礼物了。

圣诞老人的驯鹿们

　　传说圣诞老人共有9头驯鹿，它们分别是红鼻子鲁道夫、猛冲者、跳舞者、欢腾、悍妇、彗星、丘比特、大人物和闪电。其中红鼻子鲁道夫是负责引路的领头者，它明亮的鼻子像灯塔一样，能够穿透迷雾。不论多强烈的雨雪风霜，都不能阻止它前进。

　　当鲁道夫不在时，猛冲者就成了领头鹿，它开心极了。猛冲者掏出了自己珍藏已久的一个古铜色的罗盘，它将罗盘递给了圣诞老人："有了罗盘的指引，我们就可以漂洋过海，准确到达目的地了！"

大家都很好奇，纷纷询问猛冲者怎么会有罗盘。猛冲者回忆起了一百多年前的一幕：一百多年前的一个夜晚，猛冲者遇到了一位欧洲航海家，他就是大名鼎鼎的、发现新大陆的哥伦布。哥伦布告诉猛冲者，在希腊人发明的几何学基础上，聪明的欧洲人将这些学术运用到天文领域，然后航海家观察天空中的星宿，确定好位置后，就可以绘制航行路线了。这种路线的绘制需要罗盘、六分仪、等高仪等航海仪器。正是由于航海家们的不断探索，他们还确定了地球东、西方向，发明了经度。此后，航海家们对方向的掌握就越来越准确了。

　　"这个罗盘就是哥伦布用过的，它可以带我们穿越海洋！"猛冲者骄傲极了。

　　在罗盘的指引下圣诞老人一行顺利地前行着。他们穿过了英吉利海峡，到达法国。

　　遗憾的是，在陆地上，罗盘就不太好使了，它并不能告诉大家法国各大城市的具体位置。好在驯鹿跳舞者是一位地理爱好者，它在随身携带的包里翻翻找找，竟然翻到了一张法国地图！

　　圣诞老人戴上眼镜："哦，让我看看，这是一张大比例尺的地图，我们离巴黎还有半个小时！"

　　"比例尺是什么呀？为什么还有大小之分？"好奇的驯鹿们问道。

　　跳舞者回答道："比例尺就是地图上的尺寸与实际尺寸之间的比例关系。借助地图上标明的比例尺，我们就可以准确地估算距离，确定方位。举个例子吧，1/15000比例尺的地图，就相当于实际尺寸除以15000。也就是说，地图上的1厘米，代表实际中的15000厘米，也就是150米。比例尺越大，地图就越详细。要是长途旅行，最好选择1/1000000的地图，这样用起来才方便。"

　　圣诞老人和其他小伙伴们纷纷为跳舞者点赞，学好地理真是太有用啦！

彗星的飞行员朋友

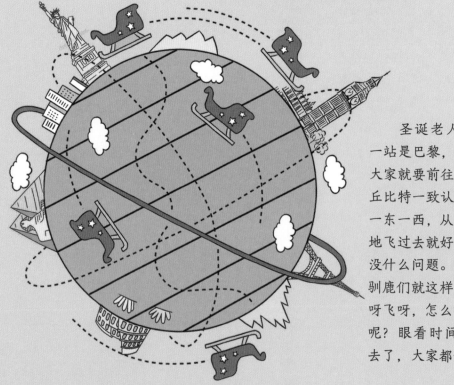

圣诞老人在法国的最后一站是巴黎，送完礼物之后，大家就要前往纽约了。闪电和丘比特一致认为，这两座城市一东一西，从巴黎到纽约直直地飞过去就好了，想想似乎也没什么问题。于是圣诞老人和驯鹿们就这样出发了，可是飞呀飞呀，怎么就是飞不到纽约呢？眼看时间一分一秒地过去了，大家都焦急不已。

好在驯鹿彗星有一位飞行员朋友，驯鹿赶紧打电话咨询了一下。原来，走直线的想法是错误的。因为地球是圆的，平面上的直线和球面上的直线是完全不一样的。球面上的最短距离不是一条直线，而是一段弧线。因此，一旦飞离赤道，雪橇就应该沿着一条叫作"测地线"的弧线飞行。这样才是巴黎到纽约的最短飞行距离，也就是 5830 千米。假如一直不停地向西飞行，那么这个距离就会延长到 6070 千米！

时间不等人，发现路线有误后，圣诞老人赶紧调整，还好赶上了！这一刻，大家格外想念红鼻子鲁道夫，它就是活地图，去哪儿的路线都知道！

圣诞老人的 GPS 手机

　　圣诞老人将前半夜迷路、绕圈子的糗事发到了朋友圈，好友们纷纷出招儿。圣诞老人这才知道，原来有的手机带有全球定位系统（GPS）导航功能，有了它，就不用担心迷路了！还好，远方的鲁道夫因为担心这个问题，托美国的朋友为圣诞老人送来了一部新手机。当圣诞老人打开手机中的地图时，自己的位置、每一条街道的位置、每一栋大楼的位置都标记得清清楚楚。太棒啦！驯鹿们欢呼着，这个圣诞节，小朋友们的礼物一定能按时送达！

第三次迷路，鲁道夫不在的日子，我们格外难过！

红桃皇后
GPS 了解下！

白雪公主
爷爷，快换掉你的老人机！

快乐王子
手机上有世界地图，快打开！

GPS 小档案

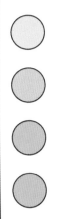

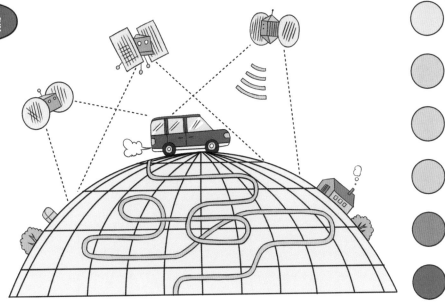

　　GPS 即全球定位系统，可以为地球上 98% 的地区提供准确的定位、测速和高精度的时间标准。这些数字来源于"太空数据"：当卫星们在太空中探测到具体信息后会向地球发出信号，GPS 接收器收到信号再经过自动计算最终便能确定接收器的准确位置。

三头驴分芝麻饼

狐狸在家里修建了一个磨坊，并雇了两头毛驴——长耳朵和大花脸，为自己拉磨。狐狸每天能赚很多钱，两头毛驴每日能有一块芝麻饼就很满足了。

每天下午分芝麻饼的时候，狐狸就会很烦躁，因为两头毛驴经常为了谁的饼子芝麻更多争来吵去。狐狸实在受不了了，就将买好的饼子给毛驴们，让它们自己分。说来也奇怪，长耳朵往往会把饼子切的一半多一点儿，一半少一点儿，但大花脸却很愿意——因为它爱吃芝麻，小一点儿的那块饼芝麻多。而长耳朵也很开心，因为自己吃到了大点儿的饼。

狐狸的生意越来越好，没多久，它又雇了一头名叫白尾巴的驴子来拉磨。一整天的工作结束后，狐狸去饼店，为三头毛驴买了一个最大号的芝麻饼。走在回家的路上，狐狸突然想到了分饼的问题，三头毛驴可不好分啊，万一分配不均，毛驴们打起来怎么办？狐狸边走边想，它还真的想到了一个好主意！

狐狸将三头毛驴叫在一起，它说："为了你们能够公平地吃到饼子，今天的饼这样分。"狐狸让新来的白尾巴掌刀，把饼切成了三块，但第一个掌刀的毛驴，必须最后才能挑。大花脸和长耳朵各自挑自己看中的那块芝麻饼，如果它们看上了同一块饼，那么大花脸就掌刀，把它认为多出来的部分切掉，放在一边。然后由没有掌过刀的长耳朵最先挑，接着是大花脸，最后剩下的那块就是白尾巴的。

三头驴挑到了自己想要的饼，它们都觉得这样分很公平。狐狸暗暗得意："这三头笨驴，竟然还给我省了一小块芝麻饼，真是太划算啦！"

三驴分饼和公平分配

在现代数学中，"公平分配"是赛局理论研究的重要问题之一。这个三驴分饼法是19世纪60年代两位数学家各自发现的分配方法。后来数学家们经过深入研究，可以变成 N 个人的公平分配，当人数越多时，就会衍生出更多有趣而复杂的新问题。

为什么没有诺贝尔数学奖？

诺贝尔奖是学术界最有声望的奖，得到诺贝尔奖的科学家无一不是对人类或者社会做出突出贡献的人。诺贝尔奖主要有六项奖项：诺贝尔化学奖、诺贝尔物理学奖、诺贝尔生理学或医学奖、诺贝尔文学奖、诺贝尔和平奖、诺贝尔经济学奖。看到这里，你是不是感到很疑惑，为什么没有诺贝尔数学奖呢？

奖章"背后的故事"

阿尔弗雷德·诺贝尔

诺贝尔出生于1833年10月21日，他是瑞典化学家、工程师、发明家、军工装备制造商和炸药的发明者。诺贝尔一生拥有355项专利发明，并在世界上20多个国家开设了约100家公司和工厂，积累了巨额财富。在诺贝尔逝世的前一年，他立下遗嘱，将遗产的大部分（约920万美元）作为基金，设立物理、化学、生理或医学、文学及和平5项奖（诺贝尔奖经济学奖是1969年设立的），将每年遗产所得利息分为5份，授予世界各国在这些领域对人类做出重大贡献的人。

被忽略的数学

诺贝尔是一个伟大的发明家，但他的发明大多是靠自己敏锐的直觉和超强的创造力产生的，期间并没有过多地依赖数学。他认为数学太理论化，没有太多实际用处。而在当时，医学已经开始走向成熟，和平奖的设立则是为了改善人们对他的印象——因为发明了炸药，人们将他称为"死亡商人"。

诺贝尔

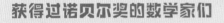

你为什么不带我一起玩？

我要搞发明，没时间研究理论！

获得过诺贝尔奖的数学家们

阿兰·麦克莱德·科马克，美国数学家，他创立了计算机 X 射线断层成像（CT）的数学理论，因此获得了 1979 年的诺贝尔生理学或医学奖。

赫伯特·豪普特曼，美国数学家。他和物理学家卡尔勒合作发明的 X 射线衍射确定物质晶体结构的数学方法，并因此获得了 1985 年的诺贝尔物理学奖。

约翰·纳什，美国数学家、经济学家，于 1994 年和朋友一起获得了诺贝尔经济学奖，但据说，他其实更想获得菲尔兹奖。

阿兰·麦克莱德·科马克　　赫伯特·豪普特曼　　约翰·纳什

世界上最有声望的数学奖是什么？

Fields Medal

我也有自己的大奖。

数学

菲尔兹奖是国际数学领域的最高奖项之一，因诺贝尔奖未设置数学奖，菲尔兹奖被誉为"数学界的诺贝尔奖"。

年轻人，出名要趁早啊！

约翰·查尔斯·菲尔兹

菲尔兹奖于 1936 年首次颁发，它是加拿大数学家约翰·查尔斯·菲尔兹要求设立的国际性数学奖项，菲尔兹奖每 4 年颁奖一次。

约翰·查尔斯·菲尔兹

约翰·查尔斯·菲尔兹，出生于1863年5月14日，是加拿大著名的数学家、教育家。

他主张数学发展应是国际性的，学术交流很重要。1924年，他在多伦多筹备主持了国际数学家大会，这场大会是当时在欧洲之外召开的第一次国际数学家大会。这次大会对促进北美数学发展产生了深远的影响。

永远不会停下研究数学的脚步！

大会筹集的经费没有花完，约翰·查尔斯·菲尔兹便萌发了利用这些资金设立一个国际数学奖的念头。为此，他积极奔走筹集资金，虽然他生前并没有看到数学奖的建立，但在他去世后，人们为了赞许和缅怀约翰·查尔斯·菲尔兹，一致同意将该奖命名为菲尔兹奖。

奖牌

每位菲尔兹奖得主都会获得一枚金质奖章和15000加元的奖金。这枚奖章的正面是阿基米德的浮雕头像，由加拿大雕塑家罗伯特·泰特·麦肯齐设计。

琳琳的减肥之路

36.6

37.68

三四月不减肥，五六月徒伤悲。

谁让你天天吃那么多高热量的东西，不长肉才怪。

爸爸，我没有吃特别热的东西啊！

热量不是指食物的温度，是说食物的能量。

卡路里

　　卡路里是一种热量单位。想要保持一个好的身材，每天摄入的热量就不能超标！

　　我们每天吃掉的食物中，碳水化合物、脂肪、蛋白质可以转化成热量，然后给我们的身体提供足够的动力，让我们能够正常地生活和学习。

人体每天需要的热量

儿童			成人	
3~5 岁	5~7 岁	7~12 岁	女性	男性
1550~1750 千卡	1750~1850 千卡	1850~2400 千卡	2100~3000 千卡	2400~4000 千卡

常见食物的热量表
单位：卡路里（卡）/100克

米激凌285 卡

小笼包
230 卡

水饺
142 卡

炒面
160 卡

米饭
116 卡

油条
417 卡

蛋炒饭
164 卡

烧饼
246 卡

杂粮饼
243 卡

三明治
244 卡

瘦肉粥
130 卡

意面
356 卡

汉堡
269 卡

鸡肉卷
266 卡

紫薯
82 卡

地瓜
86 卡

牛奶
162 卡

比萨
330 卡

蛋糕
766 卡

面包
193 卡

薯条
298 卡

奶酪
363 卡

烧麦
257 卡

肠粉
110 卡

可乐
150 卡

面条
137 卡

肉饼
208 卡

馒头
109 卡

茶叶蛋
163 卡

荷包蛋
159 卡

白煮蛋
147 卡

爸爸将琳琳爱吃的食物热量都标注了出来，琳琳算了算，昨天早餐吃了油条、牛奶和茶叶蛋，中午吃了两个汉堡、一袋薯条、一个冰激凌，晚上吃了一块比萨、一杯可乐和一份意面。天哪，琳琳昨天究竟摄入了多少热量？

417+162+163+269+269+298+285+330+150+356=2699 卡

这么吃，你说说，琳琳能不长肉吗？

大促销里的隐秘战术

每到各种节日，超市里总会有很多打折促销的产品。晚上，朵朵陪妈妈一起逛超市，她突然发现了一件事情，朵朵迅速将这些事情拍了下来，你也一起来看看吧！

你发现了吗？许多做促销的产品，它们的价格末尾几乎都是9或者8，难道用整数定价不好吗？

妙用数字

将商品价格末位定为"8"或者"9"，这种定价方式叫"诱惑定价"。在人们眼中，人们对于价格的认识受视觉特征、主观印象等多种因素影响，总会觉得9.9、9.8还在10元的范畴内，看起来并不贵。下面是卖家的一份调查报告，商品的价格和销售转化率，因为末尾数字的原因，呈现出了很大的差别。

售价	转化率	售价	转化率
0.99	3.06%	1.99	5.2%
1	1.88%	2	2.39%
2.99	3.44%	3.99	3.21%
3	2.11%	4	2.39%
4.99	4.67%	5.99	1.56%
5	3.84%	6	1.42%

四舍五入

妈妈在运动鞋专柜买鞋，今天的活动是全场五折，妈妈和朵朵看中的鞋子原价都是 259 元，打完折下来，259 元其实可以买两双，真划算！可当结账的时候，收银员却要收妈妈 260 元，为什么会多收 1 元呢？

原来，一双鞋 259，五折下来是 129.5，商场一般都会采用四舍五入的方法来去掉末尾的零头，所以两双鞋下来就多了 1 元钱。

满 100 减 10 元

很多商场都推出了满减活动。本来你只需要买 88 元的东西，结果想着凑 100 元还能减 10，就又挑了一些东西，精明的商家总是想做到利润最大化！

和尚与硬币

庙里住着 3 个和尚。每天早上，和尚们都要轮流下山挑水。直到有一天，大和尚突然拿出了枚硬币，他对二和尚和小和尚说："以后我们用扔硬币来决定谁去挑水吧，一切看运气！"

二和尚和小和尚都没有意见。

大和尚接着说："我这里有 3 枚硬币，随便谁扔都行，要是 3 个都是正面朝上，我就去挑水；要是两正一反，老二就去挑水；要是两反一正，老就去挑水；要是 3 个都是反面朝上，那咱们就重新扔！"

大和尚说完，就把硬币给了小和尚，让小和尚先扔，小和尚手气不太好，他扔出了两反一正，便默不作声地挑水去了。

第二天，大家依旧在石桌边扔硬币，头一天挑水的人负责扔硬币，这次，小和尚扔了二正一反，也就是说，今天轮到二和尚去挑水了。

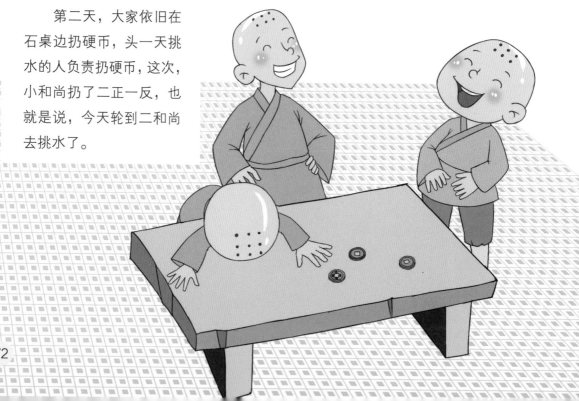

第三天、第四天、第五天、第六天……挑水的人一直是二和尚和小和尚。一个月后，小和尚算了算自己挑水的次数，呀，平时轮流挑水，自己一个月挑10次，自从扔硬币挑水后，自己挑了14次！二师兄和自己一样倒霉，也挑了14次。只有好命的大师兄，才挑了2次，真是太轻松了！

小和尚心疼自己磨出茧子的肩膀，便下山找大夫开了点儿膏药。当大夫问清原因后，笑了起来："小和尚，你的大师兄在作弊！"

小和尚连忙问："大夫，大夫，请你告诉我这究竟是怎么回事吧！"

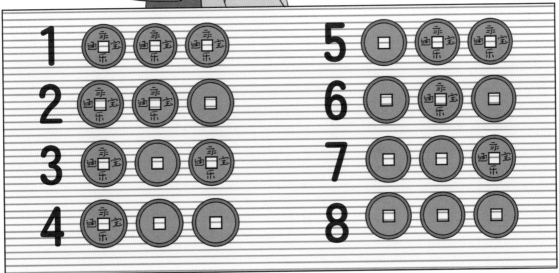

原来，3枚硬币扔出去后，结果一共有8种：正正正、正正反、正反正、正反反、反正正、反正反、反反正、反反反，其中反反反是无效的，也就是说，3枚硬币最终抛出去只有7种结果。

其中大师兄挑水的结果只有正正正1种，可能性是1/7。

二师兄挑水的结果：正正反、正反正、反正正，有3种结果，可能性是3/7。

小和尚挑水的结果：反反正，反正反，正反反，有3种结果，可能性是3/7。

所以，这就是一个不公平的游戏，没有什么运气可言，只是大师兄知道算法，抢先占了最有利的可能性，因此多干活的就只能是两位师弟啦！

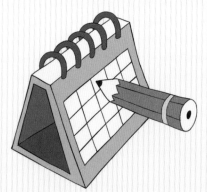

各种各样的图表

当你被一大波数字搞得头昏眼花时，不妨试试图表，它们会让复杂的事情变得一目了然起来

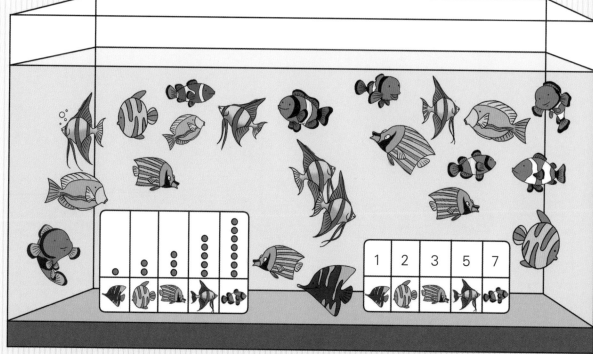

鱼缸里的小鱼真多呀！它们每一种的数量都不一样，试试用图表统计法画出它们的数量吧！

图表家族

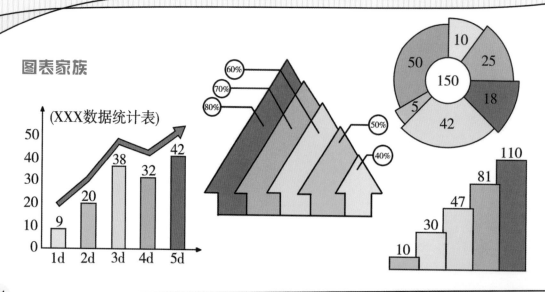

(XXX数据统计表)

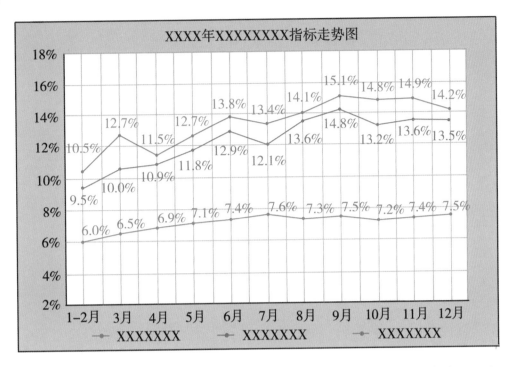

XXXX年XXXXXXXX指标走势图

在日常生活中，为了能够更加方便地看出数字中的变化，人们常常用图表来统计信息，条形图、柱状图、折线图和饼状图是图表中最常用的4种基本类型。

饼状图通常用不同的颜色和大小来展示，通过饼状图，人们很容易就能看清楚图中各项的大小与各项总和的比例。

折线图可以将不同时期的数字绘制在一个表里，这样数据的连续性变化就会很明显了。

人们用高矮不一的柱形表示不同的数据，这样的图表叫作柱状图，它们更容易进行数据比较。

当柱状图和折线图合二为一时，它们的优势也就翻倍啦！让密密麻麻的数字简化成图形，然后表达出它们的意思，这就是图表最大的作用。

生活中的图表

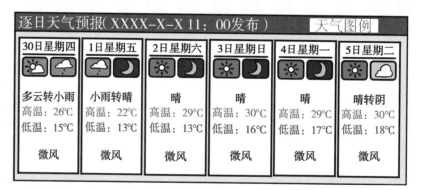

逐日天气预报（XXXX-X-X 11：00发布）					天气图例
30日星期四	**1日星期五**	**2日星期六**	**3日星期日**	**4日星期一**	**5日星期二**
多云转小雨	小雨转晴	晴	晴	晴	晴转阴
高温：26℃	高温：22℃	高温：29℃	高温：30℃	高温：29℃	高温：30℃
低温：15℃	低温：13℃	低温：13℃	低温：16℃	低温：17℃	低温：18℃
微风	微风	微风	微风	微风	微风

天气预报

天气预报表格还可以显示多地区在同一时间段里的天气变化，有的还能看到历年同时段天气的对比情况。

比分显示屏

在比分显示屏上，人们可以很快找到比赛的时长、场次、比分等信息。

日历

虽然只有薄薄的 12 页，但是却包含了 365（366）天，每一天具体到星期几，是不是特殊的节假日，你都可以在日历中查到。

课表

在课表中，一周的时间、课程全部安排妥当，上什么课就带什么书本，绝不会出错！

课程表

三年级二班

	1	2	3	4	5
星期一	周会	数学	语文	体育	美术
星期二	语文	数学	英语	美术	体育
星期三	数学	语文	科学	品社	作文
星期四	数学	语文	科学	文体	英语
星期五	数学	语文	品社	音乐	体育

营养成分表

项目	每100ml含量	NRV%
能量	251 kJ	3
蛋白质	3.0g	5
脂肪	4.2g	5
碳水化合物	4.8g	2
钠	72mg	4

食物营养表

一张食物营养成分表便可以将所有食物的情况全部表示出来。健康饮食，从绘制一张食物营养表开始！

座位表

不管是教室、电影院还是音乐厅，人们都提前规划好了座位。这样排好的座位既能保证客人的视觉享受，还方便人群疏散。

XX	XXX	XXX	XXX	XXX	XX	XXX	XX
XXX	XX	XX	XXX	XXX	XX	XXX	XXX
XX	XXX	XXX	XXX	XXX	XX	XXX	XX
XXX	XXX	XX	XXX	XXX	XX	XXX	XX
XX	XX	XXX	XX	XXX	XXX	XX	
XX	XXX	XXX	XXX	XX	XXX	XXX	
第一组		第二组		第三组		第四组	
讲台